BEI GRIN MACHT SICH IHR WISSEN BEZAHLT

Multivariate Analysemethoden. Anwendung am Beispiel von Clusteranalysen

Stefanie Hanschkatz

Bibliografische Information der Deutschen Nationalbibliothek:

Die Deutsche Nationalbibliothek verzeichnet diese Publikation in der Deutschen Nationalbibliografie; detaillierte bibliografische Daten sind im Internet über http://dnb.d-nb.de abrufbar.

ISBN: 9783346346933
Dieses Buch ist auch als E-Book erhältlich.

© GRIN Publishing GmbH
Nymphenburger Straße 86
80636 München

Druck und Bindung: Books on Demand GmbH, Norderstedt Germany
Gedruckt auf säurefreiem Papier aus verantwortungsvollen Quellen

Das Buch bei GRIN: https://www.grin.com/document/988009

Master of Arts in Management

Vertiefung: General Management

Jahrgang 2019

Multivariate Analysemethoden –

Anwendung am Beispiel von Clusteranalysen

Verfasserin:

Stefanie Hanschkatz

Bearbeitungszeitraum:

Vom 26.10.2020 bis zum 31.12.2020

Inhaltsverzeichnis

Abbildungsverzeichnis

Tabellenverzeichnis

1   Ziel der Arbeit

Die Verbreitung von leistungsstarken Rechnern führte in den vergangen Jahrzehnten dazu, dass große Mengen an Daten gespeichert werden können. Diese stellen mittlerweile ein Kapitalgut dar, auf dessen sich gesamte Firmenkonzepte beziehen. Beispielsweise gründet sich das Konzept der der Firma Payback auf die Kundendatenauswertung für ihre Partner[1]. Diese Menge an Daten kann nicht ohne geeignete Werkzeuge überschaubar gemacht werden.[2] Die Statistik hat dabei die Aufgabe Daten zu erfassen, zusammenzufassen, zu analysieren und darzustellen und bietet eine Methode zur Entscheidungsfindung.[3] Abhängig von der Anzahl der zu untersuchenden Merkmale unterscheidet man zwischen uni- und multivariater Analyse. Univariat sind dabei Analysen, für die nur ein Objekt untersucht wird.[4] Diese dienen auch später als Grundlage zur multivariaten Analyse.[5]

Die vorliegende Projektstudienarbeit soll multivariate Analysemethoden aufzeigen und erklären, welche sich mit der Auswertung mehrerer Merkmale auseinandersetzen.[6] In Kapitel 2 werden hierzu die grundlegenden Verfahren gezeigt.

Im anschließenden Kapitel 3 wird die Clusteranalyse eingehend betrachtet. Hier sollen verschiedene praxisrelevante Verfahren aufgezeigt und eine Vorgehensweise bei Analysen skizziert werden. In einem Fallbeispiel wir die Anwendung der Clusteranalyse vorgeführt, dabei werden die Hürden des Analyseverfahren dargestellt und erläutert.

2   Multivariate Analysemethoden

Oft lassen sich Fragestellungen zu Datensätzen nur durch Betrachtung mehrerer Merkmalsvariablen beantworten. Beispielsweise ist es für die Kennziffer der Arbeitslosigkeit von Interesse, ob hier ein Zusammenhang zum Ausbildungsniveau oder Geschlecht besteht.[7] Die Verfahren lassen sich nach strukturentdeckenden und struktur-prüfenden Verfahren unterteilen.

---

[1] Vgl. payback.de, 20 Jahre Payback, abgerufen am 04.11.2020.

[2] Vgl. Handl (2002), Vorwort.

[3] Vgl. Duller (2019). S. 4.

[4] Vgl. Leyer/Wesche (2008), S. 11.

[5] Vgl. Fahrmeir et al. (2009), S. 45.

[6] Vgl. Duller (2009), S. 9.

[7] Vgl. Fahrmeir et al. (2009), S. 122.

Strukturprüfende Analysen verfolgen das Ziel den Zusammenhang zwischen zwei Variablen zu prüfen. Hierzu zählen beispielsweise die Regressionsanalyse (linear, nichtlinear), Varianzanalyse, Diskriminanzanalyse oder die Kontingenzanalyse. *Strukturentdeckende Analysen* dienen hingegen der Entdeckung von Zusammenhängen. Zu diesen Verfahren zählen die Faktorenanalyse, die Clusteranalyse oder die Korrespondenzanalyse.[8] Die Verfahren sollen im nun folgenden Abschnitt näher beschrieben werden, wobei die Clusteranalyse eine detaillierte Darstellung in Kapitel 3 erhält.

2.1 Analyseverfahren

Sollen metrisch skalierte Daten untersucht werden, wird die *Regressionsanalyse* als strukturprüfendes Verfahren angewendet.[9] Diese untersucht, welchen Einfluss unabhängige Merkmale auf ein abhängiges Merkmal haben.[10] Beispielsweise kann geprüft werden, welchen Einfluss Körpergewicht und Schulweg auf die Leistung von Schülern haben. Am Beginn der Regressionsanalyse gilt es demnach Ursachen (unabhängige Variablen) und Wirkung (abhängige Variable) für die Merkmale zu bestimmen.[11] Zusammenhänge können so quantitativ beschrieben und erklärt werden. Eine weitere Anwendungsmöglichkeit bietet sich darin, dass Werte der abhängigen Variable mittels Regression prognostiziert werden.[12] Dies ist jedoch nur bei starken Zusammenhangswerten sinnvoll. Diese Werte liegen zwischen -1 (strak negativer Zusammenhang) und 1 (stark positiver Zusammenhang).[13]

Die Regressionsfunktion baut sich für einfache Regressionen wie in Formel 1 dargestellt auf.

(1) $\hat{Y} = b_0 + b_1 X$

$\hat{Y}$ = Schätzung der abhängigen Variabeln Y

b_0 = konstantes Glied

b_1 = Regressionskoeffizient

X = unabhängige Variable

Multiple Regressionen formen sich wie in Formel 2 wiedergegeben.

(1) $\hat{Y} = b_0 + b_1 x_1 + b_2 x_2 + \cdots + b_j x_j + \cdots + b_j x_j$

---

[8] Vgl. Backhaus et al. (2018), S. 13.

[9] Vgl. Duller (2019), S. 175.

[10] Vgl. Kronthaler (2016), S. 213.

[11] Vgl. Matthäus/Matthäus (2015), S. 188.

[12] Vgl. Backhaus et al. (2018), S. 58.

[13] Vgl. Matthäus/Matthäus (2015), S. 188.

Die Regressionsparameter $b_0, b_1, b_2, \ldots, b_j$ werden durch Minimierung der Summe der Abweichungsquadrate ermittelt (KQ-Kriterium).[14] Bei dieser Methode werden Abweichungen quadriert, wodurch größere Abweichungen „stärker bestraft" werden als kleinere. Die optimale Regressionsgerade ist die, welche die Fehlerquadratsumme minimiert.[15] Ein mögliches Prüfverfahren der Regressionsfunktion ist das Bestimmtheitsmaß (R^2).[16] Die Berechnung erfolgt durch das Verhältnis der erklärten Streuung durch die Gesamtstreuung.

In der *Varianzanalyse* werden ebenfalls Einflüsse von Variablen aufeinander untersucht, wobei die unabhängigen Variablen lediglich nominalskaliert sein müssen. Die abhängigen Variablen sollen weiterhin eine metrische Skalierung aufweisen.[17] So können unter anderen Marketingmaßnahmen untersucht werden, wie etwa der Einfluss von Markennamen auf den Absatz von Produkten. Die Varianzanalyse wird ebenfalls als ANOVA (Analysis of Variances) bezeichnet.[18] Innerhalb der Analyse unterscheidet man weiter zwischen einfaktorieller und mehrfaktorieller Analyse. So stellen die abhängigen Variablen die Dimensionen dar, die unabhängigen hingegen die Faktoren. Bei der Analyse von zwei abhängigen und vier unabhängigen Variablen spricht man somit von einer vierfaktoriellen, zweidimensionalen ANOVA.[19] Die Gesamtabweichung *einfaktorieller Varianzanalysen* (SS_t) ergibt sich aus der erklärten Abweichung (SS_b) addiert um die nicht erklärte Abweichung (SS_w).[20] Hier in Formel 2 dargestellt.

(2) $SS_t = SS_b + SS_w$

Eine Güteprüfung des Modells kann durch die Kennzahl *Eta-Quadrat* (η^2) erfolgen, die sich mittels Formel 3 ergibt. Das Eta-Quadrat gibt an, wie viele Größen des Modells mittels der ANOVA erklärt werden können.

(3) $\eta^2 = \frac{SS_b}{SS_t}$

Mehrfaktorielle Varianzanalysen beschreiben den Einfluss mehrerer Faktoren auf eine Zielgröße. Dieses Verfahren betrachtet neben den einzelnen Effekten auf die abhängige Variable auch die gegenseitige Beeinflussung der Faktoren.[21] Die Streuung wird dabei so zerlegt, dass die

---

[14] Vgl. Backhaus et al. (2018), S. 72.
[15] Vgl. Kronthaler (2016), S. 216.
[16] Vgl. Eckstein (2019), S. 376.
[17] Vgl. Backhaus et al. (2018), S. 164.
[18] Vgl. Ho (2006), S. 51.
[19] Vgl. Cleff (2018), S. 188.
[20] Vgl. Backhaus et al. (2018), S. 170.
[21] Vgl. Fahrmeir et al. (2009), S. 528.

erklärte Abweichung (SS_b) in ihre jeweiligen Faktoren SS_A und SS_B aufgespalten wird, ebenso wie deren Wechselwirkung SS_{A*B}.[22] Die Streuungszerlegung ist in Formel 4 dargelegt.

(4) $SS_t = SS_A + SS_B + SS_{A*B} + SS_w$

Ebenso wie für die einfaktorielle Varianz kann auch das zweifaktorielle Verfahren auf dessen statistische Signifikanz durch den *F-Test* (F_{emp}) geprüft werden, vgl. Formel 5. In diesem Testverfahren soll die Nullhypothese (H_0) verworfen werden. [23]

(5) $F_{emp} = \frac{SS_b}{SS_w}$

Statistische Unterschiede in Gruppen kann die *Diskriminanzanalyse* aufdecken.[24] Diese Analyse geht dabei der Trennung oder Zuordnung von Merkmalsträgern in vorgegebenen Gruppen nach.[25] Die Funktion ist in Formel 6 beschrieben.

(6) $Y = b_0 + b_1 * X_1 + b_2 * X_{2+} \ldots + b_J * X_J$

Ein Anwendungsbeispiel ergibt sich dabei beispielsweise in Banken, die aufgrund ihrer Kreditvergabe-Erfahrungen Merkmale bestimmen können, die eine Zuordnung von Kunden in die Gruppe „kreditwürdig" oder „nicht kreditwürdig" ermöglichen.[26]

Die Güteprüfung dieser Analyse erfolgt mittels des Eigenwertes (γ), der die Trennkraft der Gruppen beschreibt, vergleiche Formel 7.

(7) $\gamma = \frac{SS_b}{SS_w}$

In der Regressionsanalyse wird das Bestimmheitsmaß (R^2) angewendet, der die Stärke des Zusammenhangs zwischen abhängiger und unabhängiger Variable angibt. In Analogie dazu baut sich ebenfalls der Bestimmtheitsmaß für die Diskriminanzanalyse auf, der kanonische Korrelationskoeffizient (c), dargestellt in Formel 8.[27]

(8) $c = \sqrt{\frac{\gamma}{1+\gamma}}$

Ebenso gebräuchlich ist die Anwendung von Wilks`Lambda (Λ) als inverses Gütemaß. Der Wert ergibt sich aus der nicht erklärten Streuung im Verhältnis zur Gesamtstreuung, vgl. Formel 9. Kleine Gütewerte beschreiben somit eine höhere Trennkraft der Diskriminanzfunktion.

---

[22] Vgl. Backhaus et al. (2018), S. 170 ff.

[23] Vgl. Härdle/Simar (2019), S. 94.

[24] Vgl. Backhaus et al. (2018) S. 204.

[25] Vgl. Stier (1999), S. 303.

[26] Vgl. Härdle/Simar (2019), S. 395.

[27] Vgl. Backhaus et al. (2018), S. 226.

$$(9) \quad \Lambda = \frac{1}{1+\gamma}$$

Eine weitere statistische Untersuchungsmethode, welche Zusammenhänge von Variablen untersucht, ist die *Kontingenzanalyse*. Diese wird auf Basis von *Kontingenztabellen* durchgeführt, siehe dazu Tabelle 1.[28] Dabei müssen nominal skalierte Daten zur Auswertung vorliegen.[29]

	Y = y1	Y = y2	Summe
X = x1	h_{11}	h_{12}	h_{1+}
X = x2	h_{21}	h_{22}	h_{2+}
Summe	h_{+1}	h_{+2}	N

Tabelle 1

Durch die Tabelle sind Zusammenhänge zwischen Variablen nun sichtbar und können weiter untersucht werden.[30] Mittel Kontingenzanalyse soll nun festgestellt werden, ob diese zufällig oder aus einem systematischen Zusammenhang entstanden sind. Ein Instrument zur Überprüfung dessen ist der *Chiquadrat-Test* (χ_2 Test), vgl. Formel 10, für die Teststatistik. Die Stärke des Zusammenhangs kann folgend mit dem *Phi-Koeffizienten* (φ Koeffizienten) gemessen werden, vergleiche Formel 11.[31] Die Homogenitätsanalyse untersucht, ob Merkmale in Gruppen gleich verteilt sind. Die Abhängigkeitsanalyse hingegen soll feststellen, ob zwischen Merkmalen ein Zusammenhang vermutet werden kann.[32] Beiden Verfahren liegt der Wert von Chi-Quadrat zugrunde, welche unterschiedlich betrachtet wird.[33]

$$(10) \quad \chi_2 = \sum_{i=1}^{I} \sum_{j=1}^{J} \frac{(n_{ij} - e_{ij})^2}{e_{ij}}$$

$$(11) \quad \varphi = \sqrt{\frac{\chi_2}{n}}$$

Je näher der Wert von Chi-Quadrat an 0 liegt, desto geringer ist der gefundene Zusammenhang.[34]

Die Stärke der statistischen Kontingenz kann durch die Kennzahl *Cramér-V* (V) angegeben werden und macht den Chi-Quadratwert leichter interpretierbar, vgl. Formel 12.[35]

---

[28] Vgl. Eckstein (2019), S. 326.

[29] Vgl. Backhaus et al. (2018), S. 338.

[30] Vgl. Baur/Fromm (2008), S. 244.

[31] Vgl. Backhaus et al. (2018), S. 338.

[32] Vgl. Wölfle (2013), S. 34.

[33] Vgl. Backhaus et al. (2018), S. 340.

[34] Vgl. Baur/Fromm (2008), S. 259.

[35] Vgl. Ebenda.

(12) $\qquad V = \sqrt{\frac{\chi^2}{n(R-1)}} R = \min\ (I, J)$

Mittels *Faktorenanalyse* können Beziehungen zwischen einer größeren Anzahl von Variablen analysiert werden. Dabei kann diese genutzt werden, um die Anzahl der Variablen eines Datensets zu reduzieren.[36] Werden Mittelwerte über die Merkmalsausprägungen der Variablen gebildet, dann wird von einer *R-Faktorenanalyse* gesprochen. Hier sollte berücksichtigt werden, dass Informationen zur Streuung verloren gehen.[37] Eine *Q-Faktorenanalyse* wird bei starker Streuung der Stichprobenwerte heran gezogen, die in ihren Ergebnissen der Clusteranalyse gleicht.[38] In den folgenden Ausführungen die R-Faktorenanalyse betrachtet.

Wurden die Faktoren identifiziert, ist der Informationsverlust durch die Zusammenfassung von Informationen unausweichlich. Daher soll die *Kommunalität* angeben welcher Anteil der Streuung durch die Faktoren erklärt werden kann.[39] Ebenfalls ist der Verlust von Informationen bei der Bestimmung der Anzahl von Faktoren zu berücksichtige, der sog. *Faktorenextraktion*.[40] Bei dieser Extraktion ist die *Faktorladung*, also das sich ergebene Zusammenhangsmaß, entscheidend.[41] Als Zusammenhangsmaß dient der Korrelationskoeffizient, welche sich nach Formel 13 berechnen lässt.

(13) $\qquad r_{x1,x2} = \dfrac{\sum_{k=1}^{K}(x_{k1}-\bar{x}_1)*(x_{k2}-\bar{x}_2)}{\sqrt{\sum_{k=1}^{K}(x_{k1}-\bar{x}_1)^2 \sum_{k=1}^{K}(x_{k2}-\bar{x}_2)^2}}$

Auch diese Maßzahl kann durch Testverfahren überprüft und verifiziert werden, beispielsweise durch den *Barlett-Test*. Dieser untersucht, ob die Abweichungen der Korrelation nur zufällig entstehen oder statistische Signifikanz haben.[42]

Ein weiteres strukturentdeckendes Verfahren, welches Kern der vorliegenden Arbeit ist, ist die *Clusteranalyse*. Diese unterscheidet sich zur Faktorenanalyse dahingehend, dass diese zum Ziel hat Merkmalsträger zu Clustern zusammenzufassen. Zudem wird auf alle Informationen des Datensatzes zurückgegriffen und es findet keine Extraktion von Daten statt.[43] Eine eingehende Beschreibung des Verfahrens folgt in Kapitel 3.

---

[36] Vgl. Kronthaler (2016), S. 20.

[37] Vgl. Backhause et al. (2018), S. 367.

[38] Vgl. Ebenda.

[39] Vgl. Baur/Fromm (2008), S. 329.

[40] Vgl. Backhaus et al. (2018), S. 370.

[41] Vgl. Cleff (2015), S. 222.

[42] Vgl. Ho (2006), S. 232.

[43] Vgl. Wölfle (2013), S. 99.

3 Clusteranalyse

George Box prägte die statistische Weisheit „all models are wrong but some are useful".[44] Hiermit drückt er aus, dass in Analysen durch das verdichten von Daten ein Informationsverlust erfolgt. Jedoch sind diese notwendig, um eine Vielzahl von Daten begreifbar zu machen.[45] Dies geschieht etwa dadurch, dass Objekte in Kategorien eingeordneten werden, um somit bereits vorhandenes Wissen anwenden zu können.[46] Beispielsweise werden Pferde in verschiedene Rassen aufgeschlüsselt anhand ihrer Ähnlichkeiten innerhalb ihrer Gruppe (also Cluster).[47]

Im folgenden Kapital soll die Analyse von Gruppen innerhalb eines Datensatzes, die Cluster-analyse, vorgestellt werden. Im ersten Teil erfolgt die theoretische Beschreibung des Modells, die im darauf folgenden ein Praxisbeispiel angewandt wird. Hier soll anhand eines biologischen Datensatzes eine Taxierung von Irisblüten erfolgen.

3.1 Beschreibung des Verfahrens

Soll untersucht werden welche Ähnlichkeiten in einem Datensatz bestehen, um diese zu Grup-pen zu bündeln, so wird die Clusteranalyse angewendet.[48] Demnach handelt es sich bei Clus-tern (engl.: to cluster around sth. – dt.: sich um etwas drängen oder zusammenhäufen) um Gruppen aus Subjekten und Objekten, die besonders dicht beieinander sind oder sich von ihrer Position kaum unterscheiden.[49]

Ein Anwendungsbeispiel der Clusteranalyse ist die Erforschung von psychischen Erkrankungen, um Symptome einem gemeinsamen Ursprung zuzuordnen. Dies ermöglicht in der Behandlung den Einsatz verbesserter Methoden.[50]

Der Begriff Clusteranalyse beschreibt dabei viele unterschiedliche Verfahren, die sich vor allem durch zwei Aspekte im Wesentlichen unterscheiden:

- Proximitätsmaße: diese messen Ähnlichkeiten/Nähe zwischen Beobachtungen; je ho-mogener die Gruppen, desto höher die Proximität.[51]

---

[44] Vgl. Box (1979), S. 202.

[45] Vgl. Bickel/Doksum (2016), S. 380.

[46] Vgl. Pinker (1997), S. 12.

[47] Vgl. Kaufman/Rousseeuw (2005), S. 45.

[48] Vgl. Backhaus et al (2018), S. 437.

[49] Vgl. Cleff (2015), S. 189.

[50] Vgl. Vehkalahti/Everitt (2019), S. 342.

[51] Vgl. Härdle/Simar (2019), S. 364.

- Gruppierungsverfahren: ein Vorgehen, bei dem ähnliche Objekte zusammengefasst werden zu Gruppen (Fusionierungsalgorithmen); oder aber die Zerlegung einer Erhebungsgesamtheit in Gruppen (Partitionierungsalgorithmen).[52]

Das Vorgehen einer Clusteranalyse ist dabei grundsätzliche wie folgt:

1. Bestimmung von Ähnlichkeiten/Distanzen,
2. Auswahl des Fusionierungs-/Partitionierungsalgorithmus,
3. Bestimmung der optimalen Clusteranzahl.[53]

3.1.1 Bestimmung von Ähnlichkeiten und Distanzen

Die Bestimmung der Ähnlichkeiten und Distanzen ist der Ausgangspunkt der Analyse, die anhand einer Rohdatenmatrix erfolgt. Die Matrix stellt die Merkmalsträgern der Objekte K in den Zeilen, den Variablen J in den Spalten in einer Kreuztabelle dar. Diese führen zu den Variablenwerten innerhalb der Tabelle, die metrische und nicht metrische Merkmalswerte annehmen können. Hier muss nun eine geeignete Maßzahl gefunden werden, welches die Ähnlichkeit oder Distanz der Werte quantifiziert.[54] In Tabelle 2 sind dazu die wichtigsten Ähnlichkeits- und Distanzmaße dargestellt. Enthält ein Datensatz verschiedene Skalenniveaus, so können für jedes Skalierungsniveau separate Ähnlichkeits- und Distanzmaße bestimmt und berechnet werden, die durch den gewichteten arithmetischen Mittelwert kombiniert werden. Hierbei ist jedoch zu berücksichtigen, dass durch Reduzierung der Skalenniveaus ein Informationsverlust einhergeht.[55] Eine weitere Möglichkeit besteht in der Anwendung des *Gower-Koeffizienten*, vgl. Formel 14. Hierbei ist die Anwendung gemischter Merkmale möglich.[56]

$$(14) \qquad d_G = \frac{\sum_{k=1}^{p} \delta_{ij}^{(k)} d_{ij}^{(k)}}{\sum_{f=1}^{p} \delta_{ij}^{k}}$$

	Skalenniveau		
	Metrisch	**Nominal**	**Dichotom**
Ähnlichkeit	Cosinus der Wertevektoren		Würfelmaß
	Pearson-Korrelationskoeffizient		Jaccard-Koeffizient

[52] Vgl. Backhaus et al. (2018), S. 437.
[53] Vgl. Ebenda, S. 438.
[54] Vgl. Backhaus et al. (2018), S. 439.
[55] Vgl. Wölfle (2013), S. 108.
[56] Vgl. Handl (2002), S. 93.

			M-Koeffizient
			Kulczynski-Koeffizient
			Rogers und Tanimoto Ähnlichkeitsmaß
			Russel-Rao-Koeffizient
Distanz	Euklidische Distanz (^{2})	Chi-Quadrat-Maß	Binäre Euklidische Distanz
	Minkowski-Metrik	Phi-Quadrat-Maß	Lance-Williams-Maß
	Manhattan-Metrik		Binäre Form-Differenz
	Tschebyscheff-Ungleichung		Größendifferenz
			Varianz

Tabelle 2
Quelle: Backhaus et al. (2018), S. 441.

Proximität metrisch skalierter Daten

Der Korrelationskoeffizient nach Pearson, auch Q-Korrelationskoeffizient, stellt eines der gebräuchlichsten Ähnlichkeitsmaße dar.[57] Dieser kann Werte zwischen 1 und -1 annehmen und gibt somit die Stärke des Zusammenhangs an.[58] Formel 15 gibt dazu die Berechnung an.

$$(15) \qquad r_{k,l} = \frac{\sum_{j=1}^{J}(x_{jk}-\bar{x}_k)*(x_{jl}-\bar{x}_l)}{\left\{\sum_{j=1}^{J}(x_{jk}-\bar{x}_k)^2 * \sum_{j=1}^{J}(x_{jl}-\bar{x}_l)^2\right\}^{\frac{1}{2}}}$$

Zur Messung der Distanz von metrischen Daten kann das Euklidische Distanzmaß verwendet werden.[59] Es basiert auf dem Satz des Pythagoras ($a^2 + b^2 = c^2$) und kann mittels Formel 16 errechnet werden. In Abbildung 1 verdeutlicht sich wieso die Berechnung von Dreiecken hierbei korrespondiert: es handelt sich um die Berechnung der Abstände ähnlich wie bei rechtwinkligen Dreiecken.

$$(16) \qquad d_E = \sqrt{\sum_{k=1}^{p}(x_{ik} - x_{jk})^2}$$

---

[57] Vgl. Backhaus et al. (2018), S. 451.
[58] Vgl. Kronthaler (2016), S. 73.
[59] Vgl. Kohn (2005), S. 520.

9

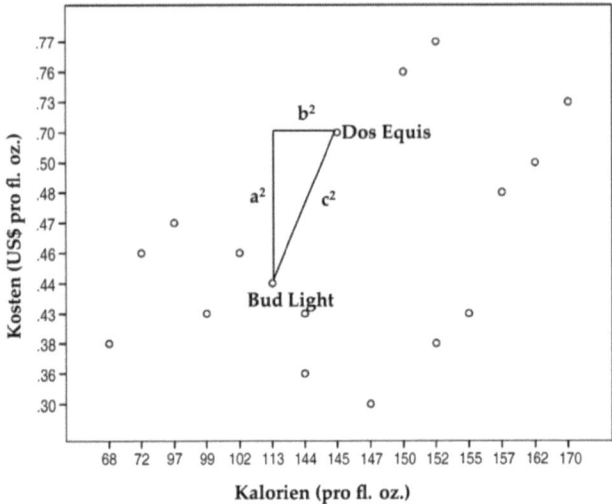

Abbildung 1

Quelle: Cleff (2015), S. 195.

Proximität dichotom skalierter Daten

Die in Tabelle 2 aufgezeigten Maßzahlen unterliegen einer grundlegenden Ähnlichkeitsfunktion, vgl. Formel 17. Der Jaccard-Koeffizient, der M-Koeffizient sowie der Koeffizient nach Russel und Rao ergeben sich nach den Gewichtungsfaktoren δ und λ, die sich anhand von Tabelle 3 definieren.

(17) $\qquad s_{ij} = \frac{a + \delta * d}{a + \delta * d + \lambda * (b + c)}$

	Gewichtungsfaktoren		Definition
	δ	λ	
Jaccard-Koeffizient	0	1	$\frac{a}{a + b + n}$
M-Koeffizient	1	1	$\frac{a + d}{m}$
Russel-Rao-Koeffizient	-	-	$\frac{a}{m}$

Tabelle 3
Quelle: Backhaus et al. (2018), S. 442.

Der Jaccard-Koeffizient dient der Messung des relativen Anteils gemeinsamer Eigenschaften der Variablen, die mindestens eine 1 aufweisen. Dabei wird zunächst die Anzahl der Übereinstimmungen in den Eigenschaften festgestellt.[60]

Der Russel-Rao-Koeffizient unterscheidet sich dabei zu Jaccard darin, dass auch Fälle beider Objekte im Nenner mit einbezogen werden, welche die Merkmale nicht aufweisen.[61] Somit wird der Nenner größer und die Maßzahl nimmt damit kleinere Werte an als der Jaccard-Koeffizient. Der M-Koeffizient berücksichtigt verglichen mit dem Russel-Rao-Koeffizienten im Zähler nun auch die Objekte, bei denen keine Eigenschaft der beiden Objekte vorliegt.

Die Messung der Distanz kann für dichotome Merkmale mittels der Varianz, vorgestellt in Kapitel 2.1 als strukturprüfendes Verfahren, erfolgen.

Proximität nominal skalierter Daten

Hierzu stehen allein die Distanzmaße des Phi- und Chi-Quadrat, vgl. Tabelle 3, zur Verfügung. Diese Maße wurden ebenfalls in Kapitel 2.1 vorgestellt.

---

[60] Vgl. Backhaus et al. (2018), S. 443.
[61] Vgl. Ebenda, S. 444.

3.1.2 Auswahl des Fusionierungs-und Partitionierungsalgorithmus

Die Fusionierungsalgorithmen der Clusteranalyse (engl.: Linkage Methods) dienen zur Gruppierung der Objektmengen. Dabei bestimmen diese, welche Messpunkte bei der Abstandsmessung zwischen Clustern verwendet werden.[62] Die Verfahren richten sich dabei nach der Anzahl der verwendeten Variablen zur Gruppierung und werden in monothetische und polythetische Verfahren unterschieden. In monothetischen Verfahren wird dazu nur eine Variable herangezogen, in polythetischen alle Variablen des Datensatzes.[63] Clusterverfahren lassen sich weiter in graphentheoretische, hierarchische, partitionierende und optimierende Verfahren unterteilen.[64] Dabei kommt partitionierenden und hierarchischen Verfahren die größte Bedeutung zu und sollen nun weiter Gegenstand der Betrachtung sein.

Partitionierenden Verfahren ist gemein, dass diese von einer festgelegten Anzahl von Clustern ausgehen.[65] Hier wird geprüft, ob die Objekte einen besonders hohen Grad der Ähnlichkeit vorweisen. Durch ein Austauschverfahren wird nachverfolgt, ob Objekte anderer Cluster einen hohen Grad an Unähnlichkeit vorweisen.[66] Ein bekanntes Verfahren stellt hier K-Means-Algorithmus dar.[67] Dieser nutzt die Summe der quadrierten Abweichungen vom Clusterzentrum, vgl. Formel 18, um die Merkmale der festgelegten Anzahl der Cluster zuzuweisen.[68]

$$(18) \qquad J_{U,M} = \sum_{i=1}^{m} \sum_{j=1}^{k} u_{ij} \left\| x_i - \mu_j \right\|^2$$

In der *hierachischen Clusteranalyse* werden agglomerative und divisive Verfahren unterschieden.[69] Zunächst soll hier das agglomerative Verfahren betrachtet werden, welche eine häufige Praxisanwendung erfahren.[70] Dabei bestehen ausgangs keine Kenntnisse über homogene Cluster des Datensatzes.[71] Hier wird nun vor Beginn der Analyse angenommen, dass jedes Objekt ein Cluster darstellt. Im ersten Arbeitsschritt wird dazu die Distanz der Cluster zueinander bestimmt. Hier werden dann die nächsten beieinander liegenden Merkmalsträger zu einem

---

[62] Vgl. Cleff (2015), S. 197.

[63] Vgl. Backhaus et al. (2018), S. 456-457.

[64] Vgl. Ebenda.

[65] Vgl. Härdle/Simar (2019), S. 371.

[66] Vgl. Kaufmann/Rousseeuw (2005), S. 68.

[67] Vgl. Wierzchon/Klopotek (2018), S. 68.

[68] Vgl. Kaufmann/Rousseeuw (2005), S. 41.

[69] Vgl. Cleff (2015), S. 190.

[70] Vgl. Backhaus et al (2018), S. 459.

[71] Vgl. Eckstein (2019), S. 488.

neuen Cluster zusammengefügt. Durch weitere Distanzmessungen werden nun weitere Cluster zusammengeführt.[72] Es wird deutlich, dass durch diese Fusionierung immer weniger Cluster bestehen bleiben und letztendlich zur gewünschten Verdichtung von Informationen führen. Damit verbunden ist jedoch auch eine steigende Heterogenität der Merkmalsträger untereinander, da diese immer weiter zusammengefasst werden.

Divise hierarchische Clusteranalysen zeichnen sich dadurch aus, dass diese der gegenteiligen Logik von agglomerativen Verfahren vorgehen: hier besteht die Ausgangssituation darin, dass alle Merkmale in einem Cluster gebunden sind.[73] Abbildung 2 stellt hier die wesentliche Unterscheidung zwischen den Verfahren grafisch dar.

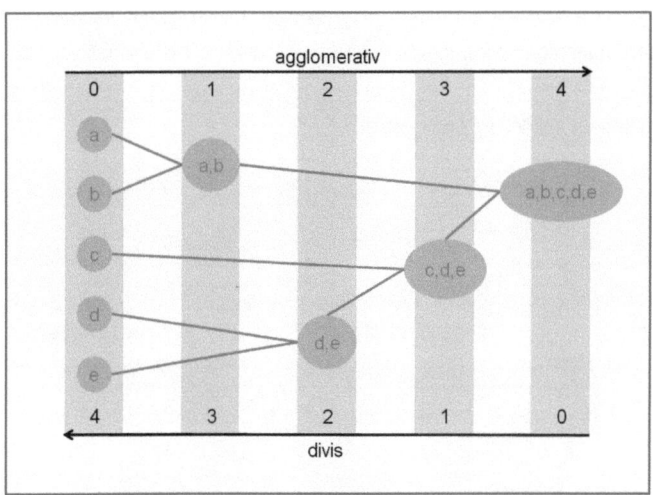

Abbildung 2
Eigene Darstellung in Anlehnung an Kaufmann/Rousseeuw (2005), S. 45.

Hierarchisch agglomerative Clusteranalyse

Auch agglomerative Verfahren können weiter unterteilt werden, indem unterschieden wird, wo die Messpunkte innerhalb des Clusters gesetzt werden.[74] Demnach wird nach dem Fusionierungsalgorithmus unterschieden. Folgende Algorithmen stellen dabei gängige Methoden dar[75]:

---

[72] Vgl. Cleff (2015), S. 190.
[73] Vgl. Kaufman/Rousseeuw (2005), S. 44.
[74] Vgl. Cleff (2015), S. 197.
[75] Vgl. Backhaus et al. (2018), S. 460–461; Cleff (2015), S. 199.

- Single-Linkage (SLINK - Nearest Neighbour): Zusammenführung der Objekte mit der geringsten Unähnlichkeit zueinander;[76]
- Complete-Linkage (CLINK - Furthest Neighbour): Messung der größten Unähnlichkeit von Objekten zueinander,[77] jedoch werden weiterhin die Objekte mit geringster Distanz fusioniert;[78]
- Centroid-Linkage (UPGC - unweighted pair-group centroid): Entfernung zwischen zwei Clustern ist gleich zur Distanz zwischen zwei Clusterzentren;[79]
- Average-Linkage (UPGA - unweighted pair-group average): bildet durchschnittliche Distanzen zwischen Beobachtungen zweier Cluster,[80]
- Ward-Linkage: vereint Objekte mit hohen Heterogenitätsmaßen mittels Varianzkriterium (auch Fehlerquadratsumme), dieses Verfahren nutzt keine Distanzmaße zur Berechnung.[81]

Die Methoden sind grafisch in Abbildung 3 dargestellt.

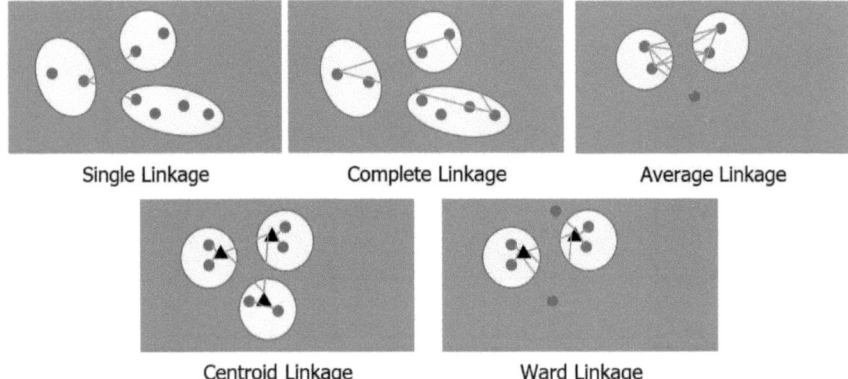

Abbildung 3
Eigene Darstellung in Anlehnung an Cleff, Seite 200.

---

[76] Vgl. Kaufman/Rousseeuw (2005), S. 47.
[77] Vgl. Ebenda.
[78] Vgl. Backhaus et al. (2018), S. 465.
[79] Vgl. Wierzchon/Klopotek (2018), S. 30.
[80] Vgl. Cleff (2015), S. 199.
[81] Vgl. Backhaus et al. (2018), S. 465.

Weitere Verfahren sind beispielsweise die WPGA-Methode (weighted pair-group method) oder das Median-Verfahren (WPGC – weighted pair group centroid).[82]

Die vorgestellten Verfahren können in drei verschiedene *Fusionierungseigenschaften* unterteilt werden:

- Dilatierende (erweiternde) Verfahren: fassen Objekte in etwa gleich große Gruppen zusammen;
- Kontrahierende (zusammenziehende) Verfahren: ermitteln wenige große Gruppen, welchen viele kleine gegenüber stehen – somit sind diese insbesondere geeignet, um Ausreißer zu erkennen;
- Konservative (erhaltende) Verfahren: haben weder die Tendenz zur Dilatation noch zur Kontraktion.[8384]

Ein weiterer Unterscheidungspunkt ist die Tendenz zur Kettenbildung oder danach, ob das Heterogenitätsmaß monoton ansteigt oder absinkt. Tabelle 4 gibt hier die Charakteristik der einzelnen Algorithmen wieder.

Algorithmus	Eigenschaft	Monotonie	Tendenz
Single-Linkage	Kontahierend	Ja	Kettenbildung
Complete-Linkage	Dilatierend	Ja	Kleine Gruppen
Centroid-Linkage	Konservativ	Nein	-
Average-Linkage	Konservativ	Ja	-
Ward-Linkage	Konservativ	Ja	Gleich große Gruppen

Tabelle 4
Quelle: Backhaus et al. (2018), S. 470.

Besondere Beachtung kommt bezüglich der Fusionierungseigenschaften dem Ward-Verfahren zu, da es sehr gute Partitionen und Zuordnungen vornimmt.[85] Die Berechnung basiert auf der quadrierten Euklidischen Distanz und vereint dabei Gruppen, deren Objekte die Fehlerquadratsumme des Clusters am wenigsten erhöhen.[86] Jedoch ist hier zu beachten, dass die Daten metrisch, nicht durch Ausreißer verzerrt wurden und die Anwendung eines Distanzmaßes

---

[82] Vgl. Wierzchon/Klopotek (2018), S. 30.
[83] Vgl. Backhaus et al. (2018), S. 469.
[84] Vgl. Kohn (2005), S. 539.
[85] Vgl. Bergs (1981), S. 96 f.
[86] Vgl. Everitt et al. (2011), S. 77.

inhaltlich sinnvoll erscheint.[87] Wie in Tabelle 5 angegeben, neigt der Algorithmus dazu gleich große Cluster zu bilden. Demnach sollten die Gruppen eine gleich große Ausdehnung besitzen und die Elementzahl der Gruppen gleich hoch sein.[88]

3.1.3 Bestimmung der optimalen Clusteranzahl

Im abschließenden Schritt wird nun die *optimale Clusteranzahl* bestimmt. Eine erste Möglich-keit dazu bietet die grafische Darstellung der Cluster, das sog. *Dendrogramm* (griech. Dendron = Baum).[89] Dabei teilen sich die Beobachtungen in eine baumähnliche Struktur.[90] In einer Linienstruktur treten dabei Objekte in Klassen zusammen und werden verbunden. Diese Struk-tur setzt sich fort, bis alle Objekte miteinander verbunden sind.[91] Die Darstellungen sind in der Literatur sowohl horizontal als auch vertikal zu finden. Hier wird zur Bestimmung der Cluster-anzahl ein Schnitt (Best Cut) an einer spezifischen Höhe des Dendrogramms vorgenommen, die sich zum Bespiel durch Distanzen feststellen lässt.[92] In Abbildung 4 ist dies beispielshaft dargestellt. Hier wäre die Abteilung von mindestens zwei Clustern sinnvoll. Je nach Datensatz könnten auch drei Gruppen gebildet werden.

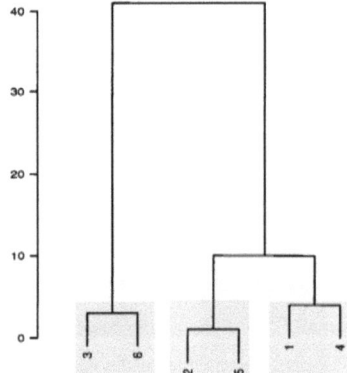

Abbildung 4

---

[87] Vgl. Backhaus et al. (2018), S. 470.

[88] Vgl. Backhaus et al. (2018), S. 470.

[89] Vgl. Everitt et al. (2011), S. 95.

[90] Vgl. Wierzchon/Klopotek (2018), S. 29.

[91] Vgl. Handl (2002), S. 365.

[92] Vgl. Everitt et al. (2011), S. 95.

Quelle: eigene Darstellung.

Ein weiteres optisches Verfahren ist das *Elbow-Kriterium*. Dabei dient das Heterogenitätsmaß als Grundlage, anhand dessen ein Sprung bei der Entwicklung des Maßes abgelesen werden soll. Beispielsweise könnte bei Anwendung des Ward-Verfahrens die angewendete Fehlerquadratsumme (SSE) dienen.[93] In Abbildung 5 findet sich eine exemplarische Darstellung anhand eines Screeplots, anhand derer drei optimale Cluster abgelesen werden können. Dieses Verfahren kann ebenfalls innerhalb der Faktorenanalyse angewendet werden, um die Anzahl von Faktoren zu bestimmen.[94]

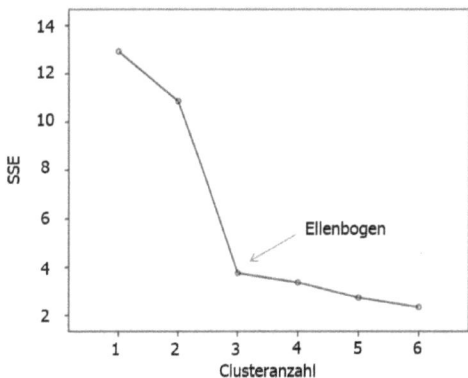

Abbildung 5
Quelle: eigene Darstellung.

Die bisher vorgestellten Methoden sind eher subjektive Abschätzungen. Statistische Kriterien, sog. *Stopping-Rules,* dienen der objektiven Beurteilung der zu wählenden Cluster.[95] Dabei handelt es sich um eine Vielzahl von Verfahren. Glenn Milligan und Martha Cooper untersuchten 1985 insgesamt dreißig dieser Verfahren im Rahmen einer Monte-Carlo-Studie, wobei grafische Methoden nicht berücksichtigt wurden. Untersuchte Verfahren waren beispielsweise die Methode nach Duda und Hart (auch Je(2)/Je(1)) Beale oder Calinski und Harabsz.[96] Dabei konnte festgestellt werden, dass die Verfahren von Calinski und Harabasz sowie von Duda und

---

[93] Vgl. Backhaus et al. (2018), S. 476.
[94] Vgl. Cleff (2015), S. 225.
[95] Vgl. Backhaus et al. (2018), S. 477.
[96] Vgl. Milligan/Cooper (1985), S. 159-163.

Hart die korrektesten Ergebnisse im Rahmen der Studie erbringen konnte.[97] Die Verfahren verlaufen wie folgt:

- Calinski-Harabasz-Kriterium: ist für metrisch skalierte Daten geeignet, nimmt eine Gegenüberstellung der Innergruppenstreuung (W) und der Zwischen-Gruppen-Streuung (B) vor und ähnelt somit der Varianzanalyse. Für die Cluster-Lösungen wird die CH-Statistik berechnet. Dabei wird die Clusteranzahl mit dem maximalen CH-Wert gewählt.[98]

- Je(1)/Je(2) – Duda-Hart-Kriterium: hier wird eine Aufteilung des m-ten Clusters vorgenommen in zwei Subcluster. Anschließend erfolgt ein Abgleich der quadrierten Abstände zwischen den Objekten und deren Clusterzentren (centroids) mit der Summe der quadrierten Abstände innerhalb des Clusters. Dabei besteht die Nullhypothese darin, dass das Cluster in sich homogen ist.[99]

Insbesondere für partitionierende Verfahren ist die Anwendung Empfehlenswert für die Bestimmung der Clusteranzahl ist die Verwendung mehrerer Methoden und die Verschmelzung ihrer Ergebnisse, da diese grundlegende Annahmen über die Cluster-Struktur treffen. Beispielsweise geht die Beale-Regel von eher separierten Clustern aus, welche kugelförmig angelegt sind.[100]

Die Prüfung der ermittelten Cluster kann abschließend mittels Diskriminanzanalyse erfolgen.[101]

3.2 Anwendungsbeispiel Clusteranalyse

Der praktische Transfer soll nun anhand des Irisblumendatensatzes (*Iris Flower Data Set*) erfolgen, welcher auf Edgar Anderson aus dem Jahr 1935 basiert und durch Ronald Fischer 1936 als multivariater Datensatz weiter erforscht wurde. In seiner Abhandlung „The Use of Multiple Measurements in Taxonomic Problems" nimmt er dazu Berechnungen zur Diskriminierung der Arten vor.[102] Dabei kommt der Erforschung durch Fischer eine so bedeutende Rolle zu, dass auch vom Fischer-Datensatz gesprochen wird.[103] Er begründete mit seiner Analyse die

---

[97] Vgl. Milligan/Cooper (1985), S. 169.

[98] Vgl. Backhaus et al. (2018), S. 477.

[99] Vgl. Everitt et al. (2011), S. 127.

[100] Vgl. Ebenda, S. 130.

[101] Vgl. Kohn (2005), S. 450.

[102] Vgl. Fischer (1936), S. 179.

[103] Vgl. Balbaert/Salceanu (2019), S. 204.

moderne Diskriminanzanalyse.[104] Es handelt sich bei dem Irisblumendatensatz um einen klassischen Datensatz der multivariaten Statistik, der darauf abzielt Irisarten anhand ihrer Abmessungen zu taxieren.[105] Der Datensatz beinhaltet 150 Objekte von 3 Klassen, also Arten von Iris, zu welchen 4 Merkmale angegeben wurden: die Länge und Weite des Kelchblatts sowie die des Blütenblatts. Zu jeder Art wurden 50 Messungen durchgeführt. Durch die bereits vorhandene Klassenbildung kann das Ergebnis der Clusteranalyse einfach untersucht werden. Bei den gegebenen Klassen handelt es sich um Iris setosa (0), Iris versicolor (1) und Iris virginica (2). Der Irisblütendatensatz ist in Anlage 1 der Arbeit beigefügt.

Einen ersten zweidimensionalen Überblick über die Lage der Daten können Streudiagramme (vgl. Anlage 2) liefern, welche erste Hinweise auf Zusammenhänge liefern können.[106] Hierzu wurden jeweils die Längen und Breiten der Irisarten abgeglichen. Aus diesen Diagrammen wird erkenntlich, dass sich wahrscheinlich Cluster bilden lassen. Jedoch scheinen die Arten 1 (versicolor) und 2 (virginica) teils sehr nah beieinander zu liegen. Die Boxplots (vgl. Anlage 3) der Variablen machen sichtbar, dass sich die Arten am besten durch die Blütenblattgrößen unterscheiden lassen da diese in ihren Lagen weniger Überschneidung haben. Dabei ist die deutlichste Abgrenzung wieder zwischen der Art 0 (setosa) zu den Arten 1 (versicolor) und 2 (viriginica) erkennbar.

Schritt 1 – Bestimmung von Ähnlichkeiten und Distanz

Da der Datensatz über hauptsächlich metrisch skalierte Daten verfügt, sind die entsprechenden Proximitätsmaße der Tabelle 3 anzuwenden, wie die euklidische Distanz oder der Korrelationskoeffizient nach Pearson. Im Fallbeispiel wurde die euklidische Distanz gewählt. Die nominalen Werte, welche die Irisarten darstellen, sind bei der Wahl des Proximitätsmaßes zu vernachlässigen, da nur anhand der metrischen Daten eine Überprüfung durchgeführt wird.

Schritt 2 – Auswahl des Fusionierungs-und Partitionierungsalgorithmus

Bei der Auswahl zwischen hierarchischen und partitionierenden Verfahren ist zunächst die hierarchische Clusteranalyse vorzuziehen, da diese nicht anhand einer vorgegebene Anzahl von Clustern Berechnungen ausführt wird (vgl. 3.1.2). Dies erscheint sinnvoll, da anhand der Clusteranalyse geprüft wird, ob eine Taxierung der Pflanzen möglich ist und die Clusteranzahl vorerst nicht festgelegt werden soll. Für eine hierarchische Analyse ist dabei das Ward-Verfahren besonders interessant für diesen Datensatz, da dieses zur Bildung von gleich großen

---

[104] Vgl. McLachlan (2004) , S. 12.

[105] Vgl. Runkler (2012), S. 5.

[106] Vgl. Duller (2019), S. 159.

Gruppen führen soll (vgl. Tabelle 5). Da jeweils 50 Beobachtungen je Klasse vorliegen, sollten daher auch gleich große Gruppen entstehen. Ebenfalls für die Anwendung der Ward-Methode sprechen die guten Zuordnungsergebnisse (vgl. 3.1.2). Eine Prüfung über die Clusterausbildung erfolgt mittels Abgleich anhand der kontrahierenden Methode Single-Linkage und der dilatierenden Methode Complete-Linkage.

Für eine abschließende Gegenüberstellung wird ebenfalls der K-Means-Algorithmus angewendet, ein partitionierendes Clusterverfahren. Hier kann aus den gefundenen Ergebnissen der hierarchischen Analyse eine Clusteranzahl abgeleitet und für das partitionierende Verfahren vorgegeben werden.

Schritt 3 – Bestimmung der Clusteranzahl

Da die Irisarten bereits klassiert sind, liegt bereits ein objektives Indiz für die Clusteranzahl vor. Ein Dendrogramm liefert nun nicht nur ein Entscheidungskriterium für die optimale Clusteranzahl der hierarchischen Analysen, es beinhaltet auch Informationen darüber welche Irisarten in Cluster zusammengefasst werden unter verschiedenen Partitionierungen. Beispielsweise könnte so eine Unterart der Iris erkannt werden. Ebenfalls kann für hierarchische Analysen mittels des Screeplots über die Clusteranzahl entschieden werden.

Ergebnisse

Die Proximitätsmaße der Ward-Methode verdeutlichen, dass die 150 Merkmalsträger bei der Zusammenfassung in wenige Cluster hohe Korrelationswerte annehmen. Siehe hierzu Abbildung 6, hier sind diese Werte in einem Screeplot grafisch dargestellt.

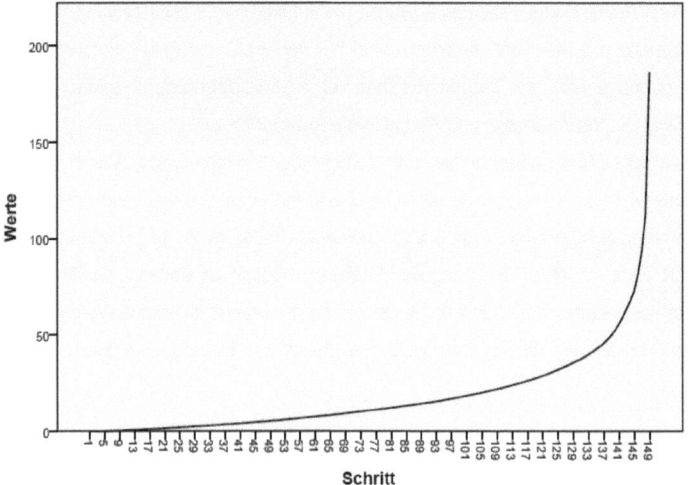

Abbildung 6

Quelle: eigene Darstellung

20

Hier ist bereits ein Indiz für die Wahl einer geringen Clusterzahl gegeben.

Im Dendrogramm (vgl. Anlage 2) wird dies verdeutlicht: hier ist der Abstand zwischen der Zwei- und Dreiclusterlösung am höchsten – demnach sollte hier der „best cut" erfolgen. Die Sorten Iris versicolor und Iris virginica sind teilweise durchmischt in der Darstellung. Nur die Sorte Iris setosa kann fast zuverlässig in Cluster 1 abgegrenzt werden. Demnach ergibt sich nach der Analyse, dass nur zwei Cluster gebildet werden sollten. Objektiv ist jedoch die Analyse von drei Clustern erforderlich.

Die Kreuztabelle (vgl. Tabelle 5) zeigt die Zuordnungsergebnisse der Clusteranalyse (drei Cluster) nach der Ward-Methode noch einmal in Kurzform. Iris setosa und Iris versicolor konnten gut in Cluster 1 und 2 separiert werden. Die Sorte virginica hingegen ist sowohl in Cluster 2 als auch in Cluster 3 aufgeteilt. Dies verdeutlicht wieder die Ergebnisse des Dendrogramms und den daraus abgeleiteten „best cut" – es sind nur Iris der Art setosa taxierbar.

Anzahl

		species			
		setosa	versicolor	virginica	Gesamt
Ward Method	1	49	0	0	49
	2	1	50	23	74
	3	0	0	27	27
Gesamt		50	50	50	150

Tabelle 5

Zwar ist die Methode nach Ward als sehr zuverlässige Clusteranalyse bekannt (vgl. 3.1.2), zur Überprüfung ob kontrahierende oder dilatierende Methoden besser Ergebnisse erzielen können, sind nun die Ergebnisse der Single- und Complete-Linkage Methode in Tabelle 6 und 7 als Kreuztabelle wieder gegeben.

Anzahl

		species			
		setosa	versicolor	virginica	Gesamt
Single Linkage	1	49	0	0	49
	2	1	0	0	1
	3	0	50	50	100
Gesamt		50	50	50	150

Tabelle 6

Anzahl

		species			Gesamt
		setosa	versicolor	virginica	
Complete Linkage	1	49	0	0	49
	2	1	21	2	24
	3	0	29	48	77
Gesamt		50	50	50	150

Tabelle 7

Die Ergebnisse der Single Linkage Clusteranalyse zeigen deutlich, dass das Verfahren Ketten-bildungseigenschaft (vgl. Tabelle 4) hat und die Daten der Streudiagramme (Anlage 2) in Ket-tenform zusammengefasst wurden: hier einstand aus den Arten versicolor und virginica ein Cluster. Das Single-Linkage Verfahren scheint daher im vorliegenden Fall nicht geeignet zu sein, da die nahe bei einander liegenden Artenmerkmale zusammengefasst (kontrahiert) wur-den. Auch das dilatierende Complete-Linkage Verfahren konnte keine Trennung der Arten ver-sicolor und virginica erzielen – hier bleiben zwei Cluster mit beiden Arten durchmischt. Somit konnte in der hierarchischen Analyse die besten Ergebnisse mittels Ward Analyse erzielt wer-den um die Arten möglichst gut zu separieren.

Die hierarchische Analyse lieferte das Ergebnis, dass die deutlichste Abgrenzung mit zwei Clus-tern erfolgen kann - objektiv soll jedoch nach drei Clustern aufgeteilt werden. Daher erfolgt die Anwendung des K-Means-Algorithmus sowohl nach zwei als auch drei Clustern. Die Ergeb-nisse sind in den Tabellen 8 und 9 dargestellt.

Anzahl

		species			Gesamt
		setosa	versicolor	virginica	
Clusternummer des Falls	1	0	47	50	97
	2	50	3	0	53
Gesamt		50	50	50	150

Tabelle 8

Anzahl

		species			Gesamt
		setosa	versicolor	virginica	
Clusternummer des Falls	1	0	2	36	38
	2	50	0	0	50
	3	0	48	14	62
Gesamt		50	50	50	150

Tabelle 9

Die Sorte Iris setosa kann vollständig in einem Cluster verbunden werden. Jedoch ist die Zu-ordnung der Arten Iris versicolor und virginica weiterhin durchmischt. Bei einer Lösung mit zwei Clustern wird Sorte versicolor geringfügig im selben Cluster wie die Iris setosa zusammengefasst. Wird nach drei Clustern analysiert, so ist die Sorte setosa vollständig separiert, Iris versicolor und viriginica bleiben weiterhin durchmischt.

Zum abschließenden Abgleich, ob die Methoden nach Ward oder der K-Means Algorithmus ähnliche Zuordnungen vornehmen, werden die Clusterlösungen in einer Kreuztabelle gegenüber gestellt, vgl. Tabelle 10.

Anzahl

		Ward Method			
		1	2	3	Gesamt
Clusternummer des Falls	1	0	11	27	38
	2	49	1	0	50
	3	0	62	0	62
Gesamt		49	74	27	150

Tabelle 10

Hier ist wieder ersichtlich, dass beide Verfahren teilweise ähnlich starke Clusterlösungen finden konnten. Iris setosa kann in beiden Verfahren relativ gut separiert werden. Nicht taxierbar durch die Clusteranalyse sind Iris versicolor und virginica.

Fazit zum Fallbeispiel

Die Analyse der Irisblüten macht deutlich, dass die Klassierung der Arten von den Clusterlösungen abweicht. Ohne Vorwissen zu den Arten wäre anhand der gegebenen Merkmale keine korrekte Taxierung der Irisarten möglich. Schlussfolgern ergibt sich daher, dass Clusterlösungen nicht immer korrekte Ergebnisse für Datensätze liefern. Kenntnisse über die Daten sind daher unverzichtbar, da aufgrund der Informationsverdichtung falsche Annahmen getroffen werden können. Möglicherweise bedarf es weiterer Merkmalserhebungen, um Daten letztendlich doch korrekt klassieren zu können mittels Clusteranalyse.

4   Fazit

Zur Analyse von umfangreichen Datensätzen sind Analyseverfahren ein unverzichtbares Mittel, um gewonnene Daten auswertbar und verständlich aufzubereiten. Sie ermöglichen, dass eine Vielzahl von Daten in wenigen Kennzahlen komprimiert wird.

Allen Analysen gemein ist, dass durch die Verdichtung von Kennzahlen, beispielsweise in eine Maßzahl, ein Informationsverlust erfolgt. Daher bedarf es bei der Wahl der Analysemethode und bei der Aufbereitung der Datensätze großer Sorgfalt, damit Eigenschaften von Daten richtig analysiert werden.

Die Clusteranalyse ist ein geeignetes Tool, um bei einer Vielzahl von Daten zusammenhängende Gruppen erkennbar zu machen. Dabei können Strukturen entdeckt werden, die unter Anwendung logischer Gruppierungsverfahren, wie beispielsweise der Kunden-ABC-Analyse anhand von Preisgruppen, verborgen geblieben wären, da die Analyse auf Grundlage mehrerer Merkmale erfolgt.

Jedoch wird auch durch das Fallbeispiel (vgl. 3.2) deutlich, dass Clusteranalysen nicht immer optimale Zuordnungsergebnisse liefern können. Daher bedarf es einer Auseinandersetzung mit den vorliegenden Daten, um den Informationsverlust durch die Verdichtung von Daten auszugleichen.[107]

Bei der Clusteranalyse handelt es sich um eine Vielzahl von möglich anwendbaren Verfahren. Dies bedeutet für den Anwender, dass es nicht nur um eine optimale Clusteranalyse handelt, sondern eine Vielzahl von Verfahren beherrscht werden muss um diese auf verschiedene Datensets richtig übertragen zu können.[108]

Die Clusteranalyse ist demnach zwar ein unverzichtbares Instrument zur Entdeckung von Gruppen, bedarf jedoch genauer Methoden-Kenntnis sowie Auseinandersetzung mit den vorliegenden Daten.

---

[107] Vgl. Everitt et al. (2011), S. 287.
[108] Vgl. Ebenda, S. 257.

5   Quellenverzeichnis

Literaturquellen:

Backhaus, K./Erichson, B./Plinke, W./Weiber, R. (2018): Multivariate Analysemethoden, 15. Auflage, Berlin.

Balbaert, I./Salceanu, A. (2019): Julia 1.0 Programming Complete Reference Guide – Discover Julia a high-performance language for technical computing, Birmingham (UK).

Baur, N./Fromm, S. (2008): Datenanalyse mit SPSS für Fortgeschrittene – Ein Arbeitsbuch, 2. Auflage, Wiesbaden.

Bergs, S. (1981): Optimalität bei Clusteranalysen - Experimente zur Bewertung numerischer Klassifikationsverfahren, Diss., Münster.

Bickel, P./Doksum, K. (2016): Mathematical Statistics – Basic Ideas and Selected Topics, 2. Auflage, Boca Raton (USA).

Box, G. P. (1979): Robustness in the strategy of scientific model building, erschienen in: Launer, R/Wilkinson, G.: Robustness Statistics, Madison (USA).

Cleff, T. (2015): Deskriptive Statistik und Explorative Datenanalyse – eine computergestützte Einführung mit Excel, SPSS und Stata, 3. Auflage, Wiesbaden.

Cleff, T. (2018): Angewandte Induktive Statistik und statistische Testverfahren – eine computergestützte Einführung mit Excel, SPSS und Stata, Wiesbaden.

Duller, C. (2019): Einführung in die Statistik mit Excel und SPSS – Ein anwendungsorientiertes Lehr- und Arbeitsbuch, 4. Auflage, Berlin.

Eckstein, P. (2019): Statistik für Wirtschaftswissenschaftler – Eine realdatenbasierte Einführung mit SPSS, 6. Auflage, Wiesbaden.

Everitt, B./Landau, S./Leese, M./Stahl, D. (2011): Cluster Analysis, 5. Auflage, Chichester (UK).

Fahrmeir, L./Künstler, R./Pigeot, I./Tutz, G. (2009): Statistik – Der Weg zur Datenanalyse, 6. Auflage, Berlin.

Fischer, R. (1936): The Use of Multiple Measurements in Taxonomic Problems, erschienen in Annals of Eugenics, Ausgabe September 1936.

Handl, A. (2002): Multivariate Analysemethoden – theorie und Praxis multivariater Verfahren unter besonderer Berücksichtigung von S-Plus, Berlin.

Härdle, W./Simar, L. (2019): Applied Multivariate Statistical Analysis, 5. Auflage, Cham (CH).

Ho, R. (2006): Handbook of Univariate and Multivariate Data Analysis and Interpretation with SPSS, Boca Raton (USA).

Kaufmann, L./Rousseeuw, P. (2005): Finding Groups in Data – An Introduction to Cluster Analysis, 2. Auflage, New Jersey (USA).

Kohn, W. (2005): Statistik – Datenanalyse und Wahrscheinlichkeitsrechnung, Berlin.

Kronthaler, F. (2016): Statistik angewandt – Datenanalyse ist (k)eine Kunst, Excel Edition, Heidelberg.

Leyer, I./Wesche, K. (2008): Multivariate Statistik in der Ökologie – Eine Einführung, Berlin.

Matthäus, H./Matthäus, W. (2015): Statistik und Excel – Elementarer Umgang mit Daten, Wiesbaden.

McLachlan, G. (2004): Discriminant Analysis and Statistical Pattern Recognition, 2. Auflage, New Jersey (USA).

Milligan, G./Cooper, M. (1985): An Examination of the Procedures for Determining the Number of clusters in a Data Set, erschienen in Psychometrika, Ausgabe 50/Nr. 2.

Pinker, S. (1997): How the Mind Works, New York (USA).

Runkler, T. (2012): Data Analytics – Models and Algorithms for Intelligent Data Analysis, Wiesbaden.

Stier, W. (1999): Empirische Forschungsmethoden, 2. Auflage, Berlin.

Vehkalahti, K./Everitt, B. (2019): Multivariate Analysis for the Behavioral Science, 2. Auflage, Boca Raton (USA).

Wierzchon, S./Klopotek, M. (2018): Modern Algorithms of Cluster Analysis, 34. Auflage, Cham (CH).

Wölfle, M. (2013): Multivariate Analysemethoden, Stuttgart.

Internetquellen:

Payback.de, https://www.payback.net/ueber-payback/20-jahre-payback/, abgerufen am 04.11.2020.

Anlage 1

sepal_length_Kelchblatt Längecm	sepal_width_Kelchblatt Weitecm	petal_length_Blütenblatt Längecm	petal_width_Blütenblatt Weitecm	species	Species_nomi	Cluster_ward	Cluster_single L	Cluster_complete L	Cluster_kmeans
5.10	3.50	1.40	0.20	setosa	0	1	1	1	2
4.90	3.00	1.40	0.20	setosa	0	1	1	1	2
4.70	3.20	1.30	0.20	setosa	0	1	1	1	2
4.60	3.10	1.50	0.20	setosa	0	1	1	1	2
5.00	3.60	1.40	0.20	setosa	0	1	1	1	2
5.40	3.90	1.70	0.40	setosa	0	1	1	1	2
4.60	3.40	1.40	0.30	setosa	0	1	1	1	2
5.00	3.40	1.50	0.20	setosa	0	1	1	1	2
4.40	2.90	1.40	0.20	setosa	0	1	1	1	2
4.90	3.10	1.50	0.10	setosa	0	1	1	1	2
5.40	3.70	1.50	0.20	setosa	0	1	1	1	2
4.80	3.40	1.60	0.20	setosa	0	1	1	1	2
4.80	3.00	1.40	0.10	setosa	0	1	1	1	2
4.30	3.00	1.10	0.10	setosa	0	1	1	1	2
5.80	4.00	1.20	0.20	setosa	0	1	1	1	2
5.70	4.40	1.50	0.40	setosa	0	1	1	1	2
5.40	3.90	1.30	0.40	setosa	0	1	1	1	2
5.10	3.50	1.40	0.30	setosa	0	1	1	1	2
5.70	3.80	1.70	0.30	setosa	0	1	1	1	2
5.10	3.80	1.50	0.30	setosa	0	1	1	1	2
5.40	3.40	1.70	0.20	setosa	0	1	1	1	2
5.10	3.70	1.50	0.40	setosa	0	1	1	1	2
4.60	3.60	1.00	0.20	setosa	0	1	1	1	2
5.10	3.30	1.70	0.50	setosa	0	1	1	1	2
4.80	3.40	1.90	0.20	setosa	0	1	1	1	2
5.00	3.00	1.60	0.20	setosa	0	1	1	1	2
5.00	3.40	1.60	0.40	setosa	0	1	1	1	2
5.20	3.50	1.50	0.20	setosa	0	1	1	1	2
5.20	3.40	1.40	0.20	setosa	0	1	1	1	2
4.70	3.20	1.60	0.20	setosa	0	1	1	1	2
4.80	3.10	1.60	0.20	setosa	0	1	1	1	2
5.40	3.40	1.50	0.40	setosa	0	1	1	1	2
5.20	4.10	1.50	0.10	setosa	0	1	1	1	2
5.50	4.20	1.40	0.20	setosa	0	1	1	1	2
4.90	3.10	1.50	0.10	setosa	0	1	1	1	2

5.00	3.20	1.20	0.20	setosa	0	1	1	1	2
5.50	3.50	1.30	0.20	setosa	0	1	1	1	2
4.90	3.10	1.50	0.10	setosa	0	1	1	1	2
4.40	3.00	1.30	0.20	setosa	0	1	1	1	2
5.10	3.40	1.50	0.20	setosa	0	1	1	1	2
5.00	3.50	1.30	0.30	setosa	0	1	1	1	2
4.50	2.30	1.30	0.30	setosa	0	2	2	2	2
4.40	3.20	1.30	0.20	setosa	0	1	1	1	2
5.00	3.50	1.60	0.60	setosa	0	1	1	1	2
5.10	3.80	1.90	0.40	setosa	0	1	1	1	2
4.80	3.00	1.40	0.30	setosa	0	1	1	1	2
5.10	3.80	1.60	0.20	setosa	0	1	1	1	2
4.60	3.20	1.40	0.20	setosa	0	1	1	1	2
5.30	3.70	1.50	0.20	setosa	0	1	1	1	2
5.00	3.30	1.40	0.20	setosa	0	1	1	1	2
7.00	3.20	4.70	1.40	versicolor	1	2	3	3	3
6.40	3.20	4.50	1.50	versicolor	1	2	3	3	3
6.90	3.10	4.90	1.50	versicolor	1	2	3	3	1
5.50	2.30	4.00	1.30	versicolor	1	2	3	2	3
6.50	2.80	4.60	1.50	versicolor	1	2	3	3	3
5.70	2.80	4.50	1.30	versicolor	1	2	3	2	3
6.30	3.30	4.70	1.60	versicolor	1	2	3	3	3
4.90	2.40	3.30	1.00	versicolor	1	2	3	2	3
6.60	2.90	4.60	1.30	versicolor	1	2	3	3	3
5.20	2.70	3.90	1.40	versicolor	1	2	3	2	3
5.00	2.00	3.50	1.00	versicolor	1	2	3	2	3
5.90	3.00	4.20	1.50	versicolor	1	2	3	3	3
6.00	2.20	4.00	1.00	versicolor	1	2	3	2	3
6.10	2.90	4.70	1.40	versicolor	1	2	3	3	3
5.60	2.90	3.60	1.30	versicolor	1	2	3	3	3
6.70	3.10	4.40	1.40	versicolor	1	2	3	3	3
5.60	3.00	4.50	1.50	versicolor	1	2	3	3	3
5.80	2.70	4.10	1.00	versicolor	1	2	3	2	3
6.20	2.20	4.50	1.50	versicolor	1	2	3	2	3
5.60	2.50	3.90	1.10	versicolor	1	2	3	2	3
5.90	3.20	4.80	1.80	versicolor	1	2	3	3	3
6.10	2.80	4.00	1.30	versicolor	1	2	3	3	3
6.30	2.50	4.90	1.50	versicolor	1	2	3	3	3
6.10	2.80	4.70	1.20	versicolor	1	2	3	3	3
6.40	2.90	4.30	1.30	versicolor	1	2	3	3	3
6.60	3.00	4.40	1.40	versicolor	1	2	3	3	3
6.80	2.80	4.80	1.40	versicolor	1	2	3	3	3
6.70	3.00	5.00	1.70	versicolor	1	2	3	3	1
6.00	2.90	4.50	1.50	versicolor	1	2	3	3	3
5.70	2.60	3.50	1.00	versicolor	1	2	3	2	3
5.50	2.40	3.80	1.10	versicolor	1	2	3	2	3
5.50	2.40	3.70	1.00	versicolor	1	2	3	2	3
5.80	2.70	3.90	1.20	versicolor	1	2	3	2	3

6.00	2.70	5.10	1.60	versicolor	1	2	3	3	3
5.40	3.00	4.50	1.50	versicolor	1	2	3	3	3
6.00	3.40	4.50	1.60	versicolor	1	2	3	3	3
6.70	3.10	4.70	1.50	versicolor	1	2	3	3	3
6.30	2.30	4.40	1.30	versicolor	1	2	3	2	3
5.60	3.00	4.10	1.30	versicolor	1	2	3	3	3
5.50	2.50	4.00	1.30	versicolor	1	2	3	2	3
5.50	2.60	4.40	1.20	versicolor	1	2	3	2	3
6.10	3.00	4.60	1.40	versicolor	1	2	3	3	3
5.80	2.60	4.00	1.20	versicolor	1	2	3	2	3
5.00	2.30	3.30	1.00	versicolor	1	2	3	2	3
5.60	2.70	4.20	1.30	versicolor	1	2	3	2	3
5.70	3.00	4.20	1.20	versicolor	1	2	3	3	3
5.70	2.90	4.20	1.30	versicolor	1	2	3	3	3
6.20	2.90	4.30	1.30	versicolor	1	2	3	3	3
5.10	2.50	3.00	1.10	versicolor	1	2	3	2	3
5.70	2.80	4.10	1.30	versicolor	1	2	3	2	3
6.30	3.30	6.00	2.50	virginica	2	3	3	3	1
5.80	2.70	5.10	1.90	virginica	2	2	3	3	3
7.10	3.00	5.90	2.10	virginica	2	3	3	3	1
6.30	2.90	5.60	1.80	virginica	2	2	3	3	1
6.50	3.00	5.80	2.20	virginica	2	3	3	3	1
7.60	3.00	6.60	2.10	virginica	2	3	3	3	1
4.90	2.50	4.50	1.70	virginica	2	2	3	2	3
7.30	2.90	6.30	1.80	virginica	2	3	3	3	1
6.70	2.50	5.80	1.80	virginica	2	2	3	3	1
7.20	3.60	6.10	2.50	virginica	2	3	3	3	1
6.50	3.20	5.10	2.00	virginica	2	3	3	3	1
6.40	2.70	5.30	1.90	virginica	2	2	3	3	1
6.80	3.00	5.50	2.10	virginica	2	3	3	3	1
5.70	2.50	5.00	2.00	virginica	2	2	3	3	3
5.80	2.80	5.10	2.40	virginica	2	2	3	3	3
6.40	3.20	5.30	2.30	virginica	2	3	3	3	1
6.50	3.00	5.50	1.80	virginica	2	2	3	3	1
7.70	3.80	6.70	2.20	virginica	2	3	3	3	1
7.70	2.60	6.90	2.30	virginica	2	3	3	3	1
6.00	2.20	5.00	1.50	virginica	2	2	3	2	3
6.90	3.20	5.70	2.30	virginica	2	3	3	3	1
5.60	2.80	4.90	2.00	virginica	2	2	3	3	3
7.70	2.80	6.70	2.00	virginica	2	3	3	3	1
6.30	2.70	4.90	1.80	virginica	2	2	3	3	3
6.70	3.30	5.70	2.10	virginica	2	3	3	3	1
7.20	3.20	6.00	1.80	virginica	2	3	3	3	1
6.20	2.80	4.80	1.80	virginica	2	2	3	3	3
6.10	3.00	4.90	1.80	virginica	2	2	3	3	3
6.40	2.80	5.60	2.10	virginica	2	2	3	3	1
7.20	3.00	5.80	1.60	virginica	2	3	3	3	1
7.40	2.80	6.10	1.90	virginica	2	3	3	3	1

7.90	3.80	6.40	2.00	virginica	2	3	3	3	1
6.40	2.80	5.60	2.20	virginica	2	2	3	3	1
6.30	2.80	5.10	1.50	virginica	2	2	3	3	3
6.10	2.60	5.60	1.40	virginica	2	2	3	3	1
7.70	3.00	6.10	2.30	virginica	2	3	3	3	1
6.30	3.40	5.60	2.40	virginica	2	3	3	3	1
6.40	3.10	5.50	1.80	virginica	2	2	3	3	1
6.00	3.00	4.80	1.80	virginica	2	2	3	3	3
6.90	3.10	5.40	2.10	virginica	2	3	3	3	1
6.70	3.10	5.60	2.40	virginica	2	3	3	3	1
6.90	3.10	5.10	2.30	virginica	2	3	3	3	1
5.80	2.70	5.10	1.90	virginica	2	2	3	3	3
6.80	3.20	5.90	2.30	virginica	2	3	3	3	1
6.70	3.30	5.70	2.50	virginica	2	3	3	3	1
6.70	3.00	5.20	2.30	virginica	2	3	3	3	1
6.30	2.50	5.00	1.90	virginica	2	2	3	3	3
6.50	3.00	5.20	2.00	virginica	2	2	3	3	1
6.20	3.40	5.40	2.30	virginica	2	3	3	3	1
5.90	3.00	5.10	1.80	virginica	2	2	3	3	3

Anlage 2

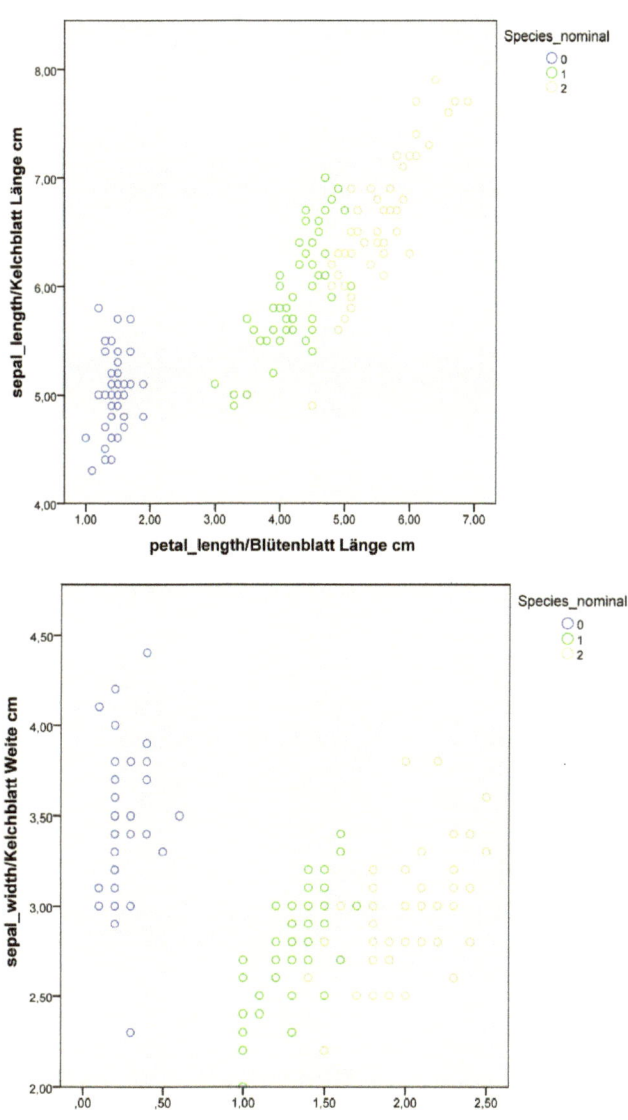

Anlage 3

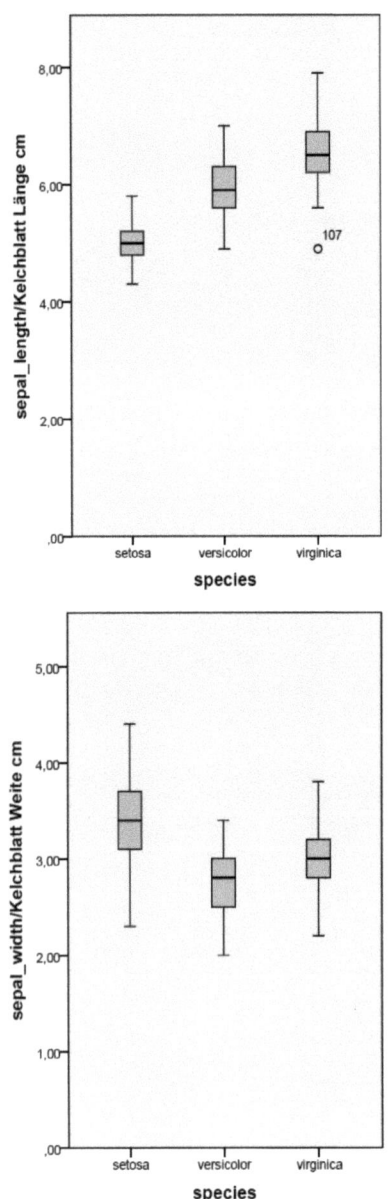

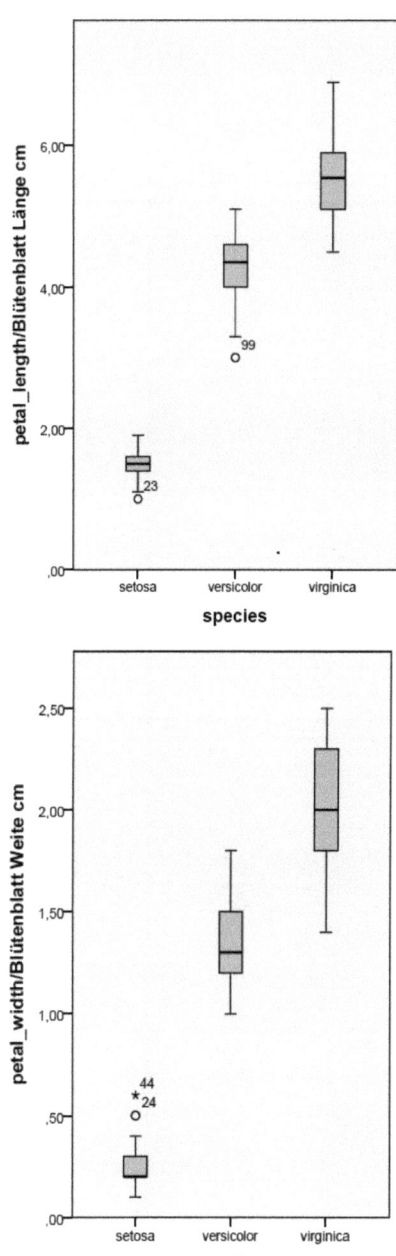

Anlage 4

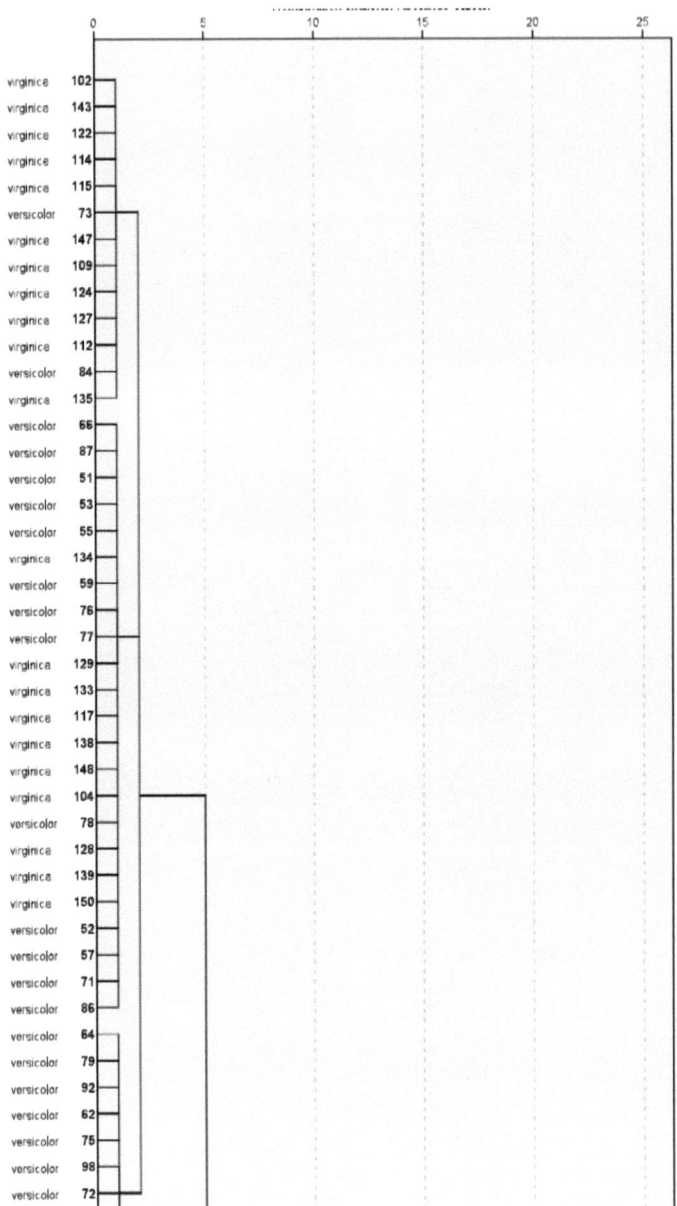

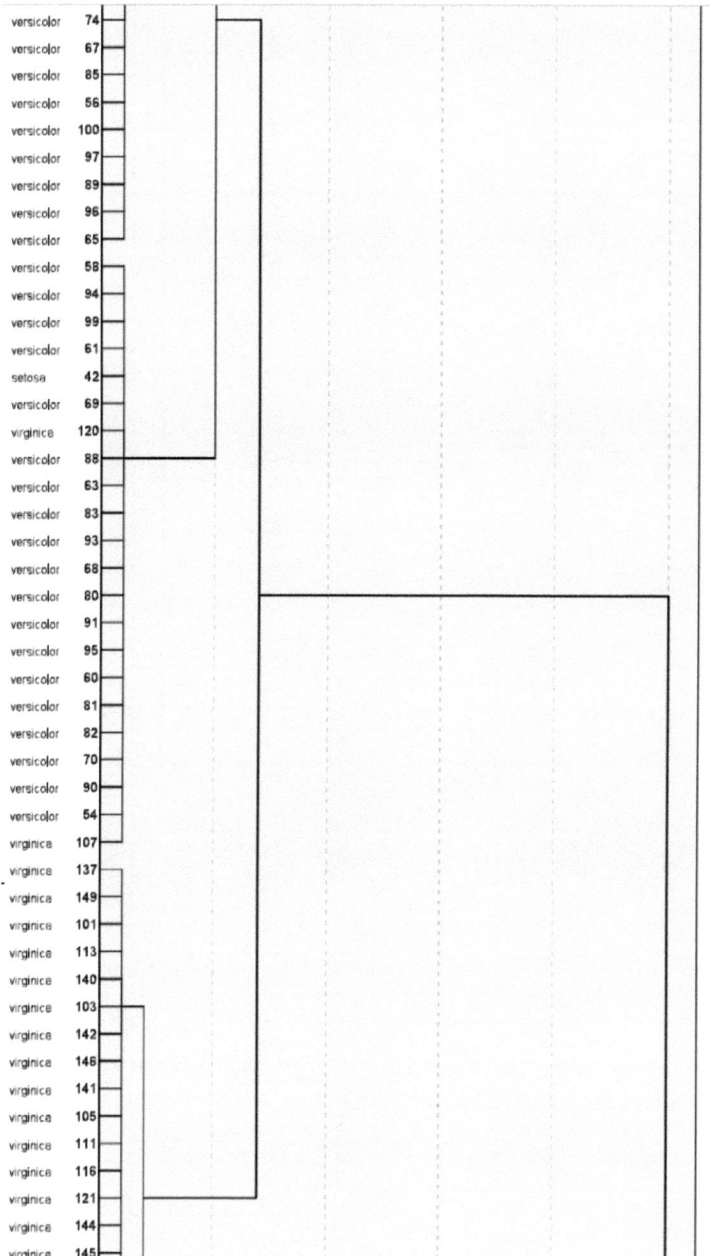

versicolor 74
versicolor 67
versicolor 85
versicolor 56
versicolor 100
versicolor 97
versicolor 89
versicolor 96
versicolor 65
versicolor 58
versicolor 94
versicolor 99
versicolor 61
setosa 42
versicolor 69
virginica 120
versicolor 88
versicolor 63
versicolor 83
versicolor 93
versicolor 68
versicolor 80
versicolor 91
versicolor 95
versicolor 60
versicolor 81
versicolor 82
versicolor 70
versicolor 90
versicolor 54
virginica 107
virginica 137
virginica 149
virginica 101
virginica 113
virginica 140
virginica 103
virginica 142
virginica 146
virginica 141
virginica 105
virginica 111
virginica 116
virginica 121
virginica 144
virginica 145

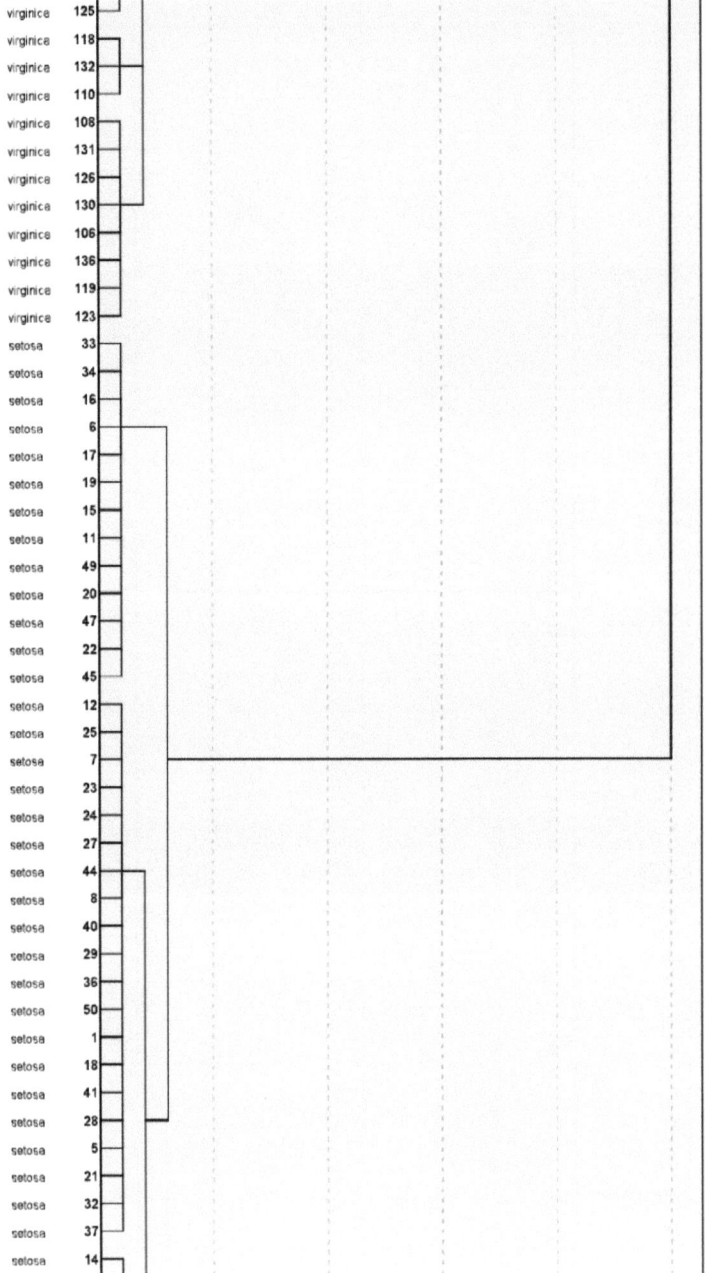